一脚踏进美食世界

美国世界图书出版公司 / 著　　柳玉 / 译

盐和胡椒

电子工业出版社.

Publishing House of Electronics Industry

北京·BEIJING

目 录

写在前面

　　这本书里有一些可以让你"一口吃遍世界"的美味菜谱。开始阅读之前，请先翻到第47页看一下温馨提示。仔细阅读书中的菜谱，在使用刀具或燃气灶时，记得一定要找成年人来帮忙。另外，团队协作会使做饭这件事变得更简单也更有趣。快来试试吧！

想不想来一场食物大冒险？就让我来做导游吧，带你踏上这段环游世界的美味旅程，让你对我有一个全方位的了解……

我就是

盐！

我就是

胡椒！

在我们环游世界的旅程中，你或许也会遇到一些新的词汇。如果用简单的语言就能解释清楚，我会在你读到这个词语的地方直接加以解释；如果这个词语我用了很多次，或者解释起来比较麻烦，我会把它**加粗并变色**（看起来像这样的字体）显示。加粗显示的词汇会在本书末尾的词汇表中给出详细释义。

什么是

盐？

自古以来，人们就特别珍视盐，因为它可以为食物增加风味。盐一直被称为"百味之首"。这种光洁、易碎的天然矿物质存在于泥土、盐湖和海洋中。世界上几乎所有的文化都非常重视盐，盐几乎可以使一切食物都变得更好吃！

今天我们买的食盐大部分都是加碘盐，加碘盐的意思是盐中加入了少量的碘元素。人们需要在饮食中获取一点点碘来维持身体健康，但很多食物本身并不含碘，往食盐中加碘确保了人们可以获取身体所需的碘。

咸咸的眼泪！

你身体里的每一个细胞里都含有盐，成年人的身体里含有约250克盐。怪不得你的眼泪尝起来咸咸的！

食物中的盐是由化学元素**钠**和氯组成的，盐的化学名称是氯化钠。食盐几乎是纯的氯化钠被磨成了细小的颗粒，其他种类的盐中含有少量的其他化学成分，给予了不同的盐稍微不同的特性。

不能太多也不能太少

吃太多的盐不好，但是如果你摄入的盐不足的话也是致命的。人每天需要从健康食品中摄入1 500~2 300毫克——少于一茶匙的盐。

有人告诉我说，我是一个可爱的盐瓶。

你觉得那是对你的称赞吗？

食盐看起来是白色的，近距离观察会发现，它其实是由清亮得几近完美的立方体组成的。

看看海盐

所有的**海盐**都来自大海，不管你是从哪里找到它们的。在某些地区，人们**蒸发**海水然后收集剩下的海盐结晶。海水天然就是咸的，蒸发海水是最古老的制盐方法之一。

你知道吗？ 蒸发海水之后得到的盐被称为日晒盐。这是因为它是利用太阳的热量来蒸发水分的。这种盐也被称为滩盐，因为它通常是在海边的浅滩上收集的。

咸味的来源

世界上所有的盐都来源于大洋、海、咸水湖和其他咸水体里的盐水，甚至地下深处的巨大**盐矿**（矿物质储备）也曾是世界海洋的一部分。这些盐矿是由数百万年前海水蒸发形成的！如果海洋中的盐分可以被提取并均匀地洒在地球陆地表面，它会形成一层超过150米厚的"被子"，大约相当于40层楼的高度。

澳大利亚、巴哈马群岛、中国、印度、墨西哥以及死海和地中海附近生产了大量的日晒盐，这些地方都是温暖的且日晒充足。在美国，日晒盐主要产自犹他州大盐湖附近。

看看岩盐

在地下坚硬的巨大岩层中发现的盐被称为岩盐。数千年来，人们一直从地下盐矿中开采岩盐。

有些种类的岩盐被用来融冰。

世界上最大的盐矿位于加拿大安大略省的戈德里奇（上图），该矿位于休伦湖底下，有553.21米深。美国一个较大的地下盐矿是盐泽盆地，位于墨西哥州、俄亥俄州、纽约州、宾夕法尼亚州和西弗吉尼亚州。

你知道吗？有的人之所以去参观盐矿，是因为他们觉得这会对健康有益。位于罗马尼亚的萨利纳图尔达盐矿就是一座盐疗中心和博物馆。

摇滚起来吧！

我处于一个两难的境地！

最早产盐的地方之一

有证据表明，最早的盐场之一可以追溯到公元前6000年的中国。盐对于早期的中国人来说太重要了，他们甚至用盐做成硬币来当作货币！如今，中国的盐产量世界领先。

虽然中国是盐的消费大国之一，但是人们通常不会在餐桌上直接往盘子里加盐，而是在很多酱料里加盐。

用盐建的墙

2 600多年的时间里，中国政府一直对盐的销售有着绝对的控制权。盐税甚至有可能帮助支付了建造长城的费用。

你知道吗？ 盐是中华美食的五味之一。盐的味道在中文里叫作咸，其他几种味道分别是酸、甘、辛和苦。中医认为，五味调和不仅能使人们更加享受食物，还能促进身体的健康和平衡。

酱油是一种用发酵的豆子、烘干的谷物、盐水和特殊的霉菌制成的咸味的棕色调味汁。酱油起源于数百年前的中国，此后成为很多亚洲美食的核心配料。很多中国厨师在食物里添加酱油，使其有一种咸香的味道。

让我们摇动起来！

盐的延伸

酱油可能是作为盐的延伸发明出来的，因为那时盐实在太贵了。

我要加一点盐。

饺子是一种带有肉馅或者是蔬菜馅的传统中国美食，饺子一般是搭配用芝麻油、醋、蒜末、辣椒酱和酱油调制的酱汁一起吃。

把盐当作料理根基的

日本

盐是定义日本料理最重要的味道之一，它和其他两种来自大海的食材——鱼和海藻一起，组成了日本料理的根基"铁三角"。

盐能让日本人喜欢吃的用发酵大豆制成的咸**味噌**酱产生肉**鲜味**。盐也用于制作鱼干和**腌制**蔬菜，它几乎是每道菜都会用到的配料。

盐能让食物释放出水分

生的食材里加盐可以析出里面的水分。盐渍像黄瓜这种水分较多的蔬菜，能够去除其中多余的水分，这样加在黄瓜上的沙拉酱就不会变得水汪汪的了。盐也能使某些食物吃起来没那么苦。

醋拌黄瓜是一种佐餐的日式黄瓜沙拉，是用黄瓜搭配香甜浓郁的醋、糖和酱油腌料做出来的，上面撒有芝麻。

适合各种心情的海盐！

干了！！

日本有五个内海，每个内海产的盐都因其气候、地理、矿物质含量、海洋生物以及盐分的不同而有其独特的味道。盐的味道有辣味、草本味、酸味或者甜味等。

在日本传统宗教神道教中，盐常常和净化联系在一起。用餐时，日本人会在餐桌上放一小杯或者一小盘盐，代表着一种净化仪式。用餐者也可以用盘子里的盐给食物调味。

快到圆圈里来

相扑选手会撒盐以象征性地清洁和净化比赛场地。这一项仪式已经有1500多年的历史了。

你知道吗？

日本的冰激凌上会撒一些盐。少量的盐会增加甜味，改善风味的平衡，甚至还有酱油冰激凌呢！

鲜味

你会怎样形容你刚刚吃的东西呢？它是甜的、酸的、辣的、咸的还是苦的？我们的味蕾会帮助我们进行鉴别。味蕾就是你舌头上的微小疙瘩。

除了上面所说的，有些科学家认为还有一种味道——"香味"或者"肉味"，这种味道被称为鲜味。

日本科学家被认为是最早描述鲜味的人。鲜味的感觉是由一种叫作谷氨酸盐的类似盐分的化学物质引起的。谷氨酸存在于许多富含蛋白质的食物中，它可以增强食物的风味。

蘑菇和帕尔马干酪有很浓郁的鲜味。

请传递鲜味！

盐能激发食物中的鲜味。

做这个之前，你先想想"鲜味"是什么意思？

试试这个！

这种蘸酱具有味噌的鲜味，最好冷藏后与蔬菜一起吃。

嗯？

咸味田园沙拉酱

分量：1½杯

配料

120毫升沥干水分的软豆腐

½杯酸奶油

2汤匙白味噌　1汤匙切碎的扁叶香菜

1汤匙新鲜柠檬汁

2汤匙切细碎的韭菜，可多备一些

2茶匙雪利醋或者白葡萄酒醋

½茶匙大蒜粉

新鲜的生蔬菜，切成一口能吃下的大小

½茶匙洋葱粉

¼茶匙现磨黑胡椒

步骤

1. 在食物搅拌器中加入柠檬汁、味增、大蒜粉、洋葱粉、胡椒、豆腐和醋，高速搅拌。

2. 搅入酸奶油、香菜和两勺韭菜。把蘸料装到小碗里，放入冰箱冷藏。

3. 吃的时候，如果需要可以用韭菜装饰一下蘸料，用生蔬菜蘸着吃。

你知道吗？

"鲜味"在日语中是"美味"的意思。

干燥的沿海地区是盐的重要来源，尤其是
地中海地区

古时候，地中海位于意大利、西班牙、希腊和埃及之间的贸易路线的十字路口。意大利的热那亚、比萨和威尼斯等城市逐渐发展成为食盐贸易的中心。在这一区域，食盐太值钱了，以至于叫作盐饼的盐块可以当作钱来使用。

地中海地区因其橄榄而闻名。新鲜的橄榄吃起来很苦，不好吃。要想橄榄变得好吃，需要把它们浸泡在一种叫作碱液的盐水或者咸的溶液中，把苦味去掉。

橄榄爱你啊，盐！

随着橄榄的成长，它们从绿色变成黄色，再变成红色，最后变成黑紫色。人们吃的橄榄一般是绿色或者黑色的。清洗之后，将橄榄放入盐水中浸泡。

你知道吗？在东地中海地区的古美索不达米亚人会腌渍食物。腌渍是指用盐水、醋和其他液体来保存食物，是保存食物最古老的方法之一。

杂豆饭是自19世纪开始就有的一道埃及菜，它是用米饭、通心粉、扁豆和鹰嘴豆混在一起做成的，上面会放上辣番茄酱和炸洋葱。腌制使得豆类熟得更快更均匀，盐让豆类和豌豆的皮变得更软，更容易吸收水分，盐水也使杂豆饭变得更好吃。

意大利的西西里岛曾是地中海的食盐贸易中心。盐烤鱼是西西里的一道经典名菜，鱼像被埋进沙子里一样被"埋"进盐里。烤制的过程中，盐凝固成硬壳，能锁住鱼的水分。鱼烤好之后，硬壳就裂开了。把硬壳大块大块剥下来，就露出了里面鲜嫩又美味的烤鱼啦！

泡碱

泡碱是古埃及人用来保存木乃伊的一种盐。如今在埃及仍然能找到泡碱。

我以为我是一个有咸味的角色！

哈哈，你是从你妈妈那里遗传的吗？

17

几种常见的 **盐的种类**

　　所有的盐的主要成分都是氯化钠，然而少量的杂质可以给普通的盐赋予非凡的品质。专业的厨师都知道，在一道菜中使用正确的盐，可以使这道菜的味道大不相同。世界上有很多种盐，下面来介绍几种比较常见的。

什么在摇晃啊？

嘿！看着点！

食盐

　　大部分盐瓶里装的都是这种盐，它几乎是纯的氯化钠晶体。食盐是白色的，由看似完美的微小的晶体细粒组成。就像它的名字一样，这种盐是餐桌上最常见的盐，就餐者可以在吃饭时随心所欲地往食物里添加。

盐之花

　　在法国，盐之花是用木耙从法国北部的布列塔尼海岸手工收集的。作为天然海盐，它里面含有的很多其他矿物质，使它呈现出一种淡蓝色，味道也很丰富。这是最贵的盐之一，常被用来给肉类、鱼类、蔬菜甚至是巧克力增加少许风味。

喜马拉雅盐

这种盐来自喜马拉雅的岩石上，颜色从白色到亮粉色不等，含有丰富的矿物质。有些人认为喜马拉雅盐是最健康的一种盐，它所含的矿物质使它有一种更猛烈的味道。这种盐具有良好的保温性，大的盐块甚至被用来做餐盘。

闻一下！

盐有助于将食物的香气（气味）分子释放到空气中，让你的嗅觉和味蕾一起来断定食物的口味。

犹太盐 （KOSHER SALT）

Kosher是一个希伯来语单词，意思为合规的、合适的。犹太食物是严格根据古犹太饮食戒律来准备的。犹太盐呈大的不规则的颗粒状，很容易洒在食物上，溶化得也很快，这使得它成为一种全能的烹饪用盐。

海盐

这种盐是通过蒸发海水得来的，含有天然的矿物质，赋予了自身一丝丝其他的风味。对于希望限制饮食中食盐摄入量的人来说，海盐是理想的选择。

运盐，跨越

撒哈拉沙漠

西非的各大帝国，加纳、马里和桑海等，从公元300年左右开始兴盛直至16世纪末。这些伟大的帝国盛产黄金，但盐很匮乏，必须通过贸易获取盐。居住在北非世界上最大的沙漠撒哈拉沙漠附近的人们，可以很轻易开采到盐矿，他们用长长的驼队跨越撒哈拉沙漠运盐。据说，14世纪的一个驼队有一万两千多匹骆驼！那能运很多很多的盐啊！

驼队带着大的盐砖穿越撒哈拉沙漠抵达尼罗河上的杰内和廷巴克图等城市，在那里，盐被换成黄金、象牙、兽皮、可乐果、胡椒和糖等。

不要撒盐！

撒盐是不吉利的，这是因为在过去，盐是很贵的，浪费盐就像在扔钱一样。

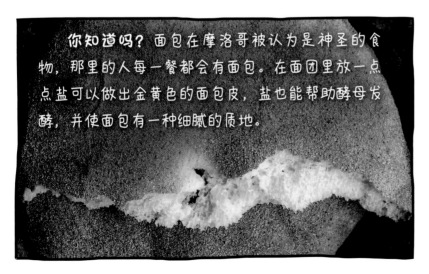

你知道吗？ 面包在摩洛哥被认为是神圣的食物，那里的人每一餐都会有面包。在面团里放一点点盐可以做出金黄色的面包皮，盐也能帮助酵母发酵，并使面包有一种细腻的质地。

烤牛肉串是加纳、尼日利亚（这里的版本稍微有点不同，是指苏亚烤肉串）和其他西非国家很受欢迎的一道街头小吃，是在牛肉上抹上花生碎、香料、盐和胡椒做成的。

加上一撮盐和胡椒！

哇，那看起来可不止一撮哦！

用盐调味使肉鲜嫩多汁

用盐或者是咸味的调料粉给肉调味，可以锁住肉本身的汁水。当在生肉上撒盐的时候，富含蛋白质的肉汁会被析出到肉的表面，释放的肉汁溶化了盐后形成的盐水再重新被肉吸收。烹制过程中，肉的表面变干，形成一层酥脆可口的外皮。

21

有着重要盐矿的

印度

马其顿的国王亚历山大大帝，据说在公元前326年到过现巴基斯坦境内的克乌拉盐矿。今天，这个盐矿仍然在生产深受全世界喜欢的著名的喜马拉雅盐。

法尔桑是印度西北部古吉拉特邦佐茶吃的一种咸味小吃，先炸然后沥干保存。新鲜的或者蒸制的，辣味的或者不辣的都可以。鹰嘴豆卷是一种健康而美味的咸味小吃，这种淡黄色的小吃由鹰嘴豆粉、酸奶、姜酱、水、盐、姜黄和辣椒制成，紧紧地卷成一口大小的小卷。鹰嘴豆卷通常和大蒜酸辣酱一起吃，有一种美妙的味觉碰撞。

黑盐或者叫作喜马拉雅黑盐，是一种著名的火山盐。它先被加热然后和各种印度香料及草药混合。黑盐有一种可口的味道，通常和其他香料一起被用来烹饪多种印度菜肴，像酸辣酱、泡菜、沙拉和优酪乳沙拉（类似酸奶质地的一种调味品）。

我刚买了一些2.5亿年前的喜马拉雅盐。

标签上说它八月就过期了。

你知道吗？ 在印度有一种用黑盐做的柠檬水，可以解渴，补充身体所需的盐分，并可在炎热的季节为人们提供能量。

不要忘了糖哦！

盐向自由前进

1930年，印度领袖莫罕达斯·卡拉姆昌德·甘地率领78名追随者，长途跋涉了386千米到海边用海水制盐。那时，印度还处于英国的殖民统治下，印度人民必须从英国政府手里买盐，从别处获取盐都是违法的。甘地的非暴力不合作运动使得印度成为一个自由国家。

盐有着多种用途的
欧洲

欧洲人重视盐的价值，不仅是因为盐能使他们最喜欢的食物味道更好，还因为盐可以保存鱼肉。

欧洲北部的北海海岸是一处极其重要的鱼肉来源，沿着这条海岸线的国家都有自己独特的吃咸鱼的方法。荷兰的传统吃法是用盐水和香料来烹制鲱鱼，与生洋葱和小黄瓜（小的腌黄瓜）一起放在小圆面包上吃。仰起头来，像荷兰人那样吃吧！

为什么有的鱼住在咸水里？

因为胡椒会让它们打喷嚏。

很多奶酪配方里都会放奶酪盐，这是一种不加碘的盐。碘盐会抑制细菌生长，而奶酪的成熟需要细菌。细菌赋予了奶酪特殊的风味和口感。盐还会控制奶酪中的水分并导致凝乳（固体块）收缩，有助于奶酪形成良好的外皮，同时增加了它的风味。

德国美食以碱水面包而闻名，这种扭结面包具有美味光滑的盐渍表面。碱水面包最初是七世纪初的欧洲僧侣做给孩子们吃的。这个食谱的制作需要在成人的帮助下进行。

试试这个！

碱水面包　　　　　　分量：8个

配料

1½杯温水	植物油	2茶匙犹太盐	1个大蛋黄加1汤匙水打散
1汤匙糖	10杯水	4½杯普通面粉	粗海盐
1袋活性干酵母	⅔杯小苏打	60毫升熔化的无盐黄油	

步骤

1. 在立式搅拌机的碗中混合温水、糖和犹太盐。把酵母倒入其中并溶解，静置5分钟（表面会开始形成泡沫）。使用钩状搅拌头低速搅打面粉和黄油，直至完全搅拌均匀。将速度提高到中速揉捏，直至面团脱离碗壁，大约需要4~5分钟。把面团转移到抹了油的大碗中，将面团揉成圆形，使其表面裹上油，盖上保鲜膜和毛巾。将面团放在温暖的地方醒发50~55分钟或者直到面团变成原来的两倍大。

2. 预热烤箱至232℃。在两个烤盘里铺上烘焙用纸，轻轻刷上植物油，放置一边备用。

3. 找一位成年人帮忙把10杯水和小苏打放入一口大锅中煮开。

4. 等待水开的过程中，将面团放在撒了一层薄面粉的料理台上，并将其平均分成8份。把其中一个滚成约60厘米长的蛇形长条，将两端朝向你，一端压着另一端交叉2次。用手指蘸一点点水，将两端弄湿，然后轻轻地将它们压在面团上，如右图所示。把碱水面包小心地放到铺了烘焙纸的烤盘上。剩下的面团也按此操作。

5. 让成年人用漏勺小心地将一个碱水面包放入沸水中余约30秒后，捞出放回铺了烘焙纸的烤盘中。每一个碱水面包都重复这一步骤。

6. 在每一个碱水面包上都刷上蛋黄液，然后撒上粗海盐。

7. 烘焙约12~14分钟，直至表面金黄。放在烤架上晾10分钟，待温热后享用美味的碱水面包吧！

盐从英国传入

美国

美国革命后，在大西洋沿岸建立了用来煮海水的盐厂。盐业也在发现了盐泉的纽约市锡拉丘兹附近发展起来。1825年建成的伊利运河，就是为了从锡拉丘兹往其他城市运送盐和其他物资的，这条运河又被称为"为盐建造的水渠"。

在冷藏技术发明之前，人们用盐来保存肉类，这个过程被称为腌制。腌制食物现在仍然很受欢迎，因为人们喜欢腌制的味道。腌制食物通常会用到特殊种类的盐，火腿、培根以及美寸热狗都是腌制食物的代表。

我都震惊了！

你知道吗？ 美国人一年要吃掉200亿根热狗。相当于每人每年要吃掉约70根热狗。

用盐水保存的黄瓜在美国被称为泡黄瓜，它并不是美国人发明的，但却是美国文化的重要组成部分。1659年，荷兰的农民开始在纽约市附近种植黄瓜。商人们买入黄瓜，在盐水里泡起来，装在大桶里拿到街上卖。19世纪末20世纪初，东欧的犹太人移民至美国，带来了犹太莳萝泡菜，热狗吃起来就更好吃了！

试试这个！

这是一个值得珍藏的简单的泡菜食谱。腌好的泡菜要冷藏保存。

是不是有人提到大蒜了？

爽脆莳萝泡菜

分量：2升

配料

10~12根腌黄瓜，切成0.6厘米宽的小片或者梭形
1茶匙糖
15~20根新鲜莳萝

4杯水　　8~12瓣大蒜
2杯白醋　　8~10个胡椒粒
2汤匙犹太盐

步骤

1. 制作盐水。将水、醋、盐和糖放进一个中等大小的平底锅中，请一个成年人帮忙将溶液烧开。把平底锅拿起来晃动一下，帮助盐和糖溶解。离火，冷却至室温。
2. 把一些莳萝、大蒜和胡椒粒放在两个干净且无菌的罐子的底部。把大约一半的黄瓜放在罐子里，留一点空间加盐水。
3. 再往罐子里放点莳萝、大蒜和胡椒粒。倒入足够的盐水没过黄瓜，用密封盖密封。在冰箱中至少冷藏一星期后食用。泡菜应该可以再存放4~6周。

我是一粒腌胡椒！

泡菜

泡菜这个词来源于荷兰语peel，或者德国北部语言中的Pokel一词，意为盐或者盐水。

27

什么是

胡椒？

胡椒被誉为"香料之王"，被用于世界各地的美食中，是世界上最畅销的香料之一。胡椒在烹饪中的应用已经有两千多年的历史了，最常用的胡椒是白胡椒和黑胡椒。

什么是香料？

香料是用来给食物增加风味的种子、果实、根、树皮或者植物的其他部分。有的香料是利用它们的味道，有的是利用它们的气味。

胡椒会把自身的味道融入食物中，也会激发出食物其他的风味。胡椒长期以来一直与精神和能量联系在一起：这就是活力（pep）一词的来源。

阿嚏！

在古埃及著名的木乃伊法老拉美西斯二世的鼻孔中发现了胡椒粒，这是因为埃及人相信胡椒可以净化身体。

胡椒可以磨成粉或者作为**胡椒粒（干浆果）**出售。胡椒粒是用胡椒研磨机来碾碎或磨碎的。

你知道吗？ 胡椒粉很快就会失去风味和香气。整颗胡椒粒有外壳锁住了它的风味，一旦研磨出来，30天内它就会失去风味和香气。

和盐一样，胡椒曾经也是只有富人才能负担得起的贵重物品。但是现在，我们在全世界的餐桌上都能看到盐和胡椒并排放在一起。这两个是怎么变成一对的呢？继续读下去你就会找到答案！

但是，首先让我们来学习一下胡椒是从哪里来的……

看一看胡椒植株

胡椒植株是生长在热带气候中的一种攀缘藤蔓，主要生长于现在的巴西、印度、印度尼西亚和越南等地。

这种植物会结出绿色的小浆果，成熟后会变成红色。浆果刚要变颜色的时候就会被采收，清洗干净并晒干。晒干之后浆果就变成了黑色，干浆果一般被叫作胡椒粒。大部分家里常用的胡椒品种都是黑胡椒。

黑胡椒粒

各种颜色的胡椒粒

黑色、绿色、白色和红色的胡椒粒其实都是同一种果实！

白胡椒粒

新鲜的绿胡椒一般用于一些亚洲美食中，绿胡椒味道鲜辣，香味突出。但是它很容易变质，所以通常会晒干或者腌制后存放。

绿胡椒粒

白胡椒是用完全成熟的浆果做的。浆果被洗净晒干后去掉外皮，就变成了白胡椒。和黑胡椒比起来，白胡椒的味道更好，而且没有那么强烈。

你知道吗? 胡椒里含有一种叫作**胡椒碱**的物质，会使人们吃它的时候感觉到辛辣。胡椒里还含有赋予它香味的油脂混合物。

红胡椒粒

红胡椒粒又麻又辣，吃起来有一种果味。浆果在变成亮红色之前会被一直留在藤蔓上。红胡椒一般用在胡椒粉中。红胡椒浆果很快就会变质，所以一般会盐渍、冻干或者风干储存。

祝你好运!

为什么胡椒会让我们打喷嚏呢? 这是因为它含有的胡椒碱会刺激鼻孔导致人们打喷嚏，但没有人知道这到底是怎么回事。

"不同品种的胡椒"

有时也会把其他香料叫作胡椒，但是它们是用不同的植物制成的。举个例子，有一种叫作红椒或者辣椒的香料，它其实并不是胡椒，而是由不相关的植物制成的。甜胡椒，有时候也叫作牙买加胡椒或者多香果，也不是真正的胡椒。

啊，骗子!

辣椒

谁请他们来的?

31

胡椒原产于
印度

胡椒和盐不一样，盐几乎在世界各地都可以找到或者制作出来，而胡椒最初只在印度西南部的喀拉拉邦生长。它今天仍然生长在喀拉拉邦茂密的雨林中。在古代，喀拉拉邦因盛产胡椒而闻名于世。

公元前2000年，胡椒被广泛用于印度烹饪。今天，印度是世界上最大的胡椒生产国之一，也是最大的胡椒消费国。

我的家乡是喀拉拉！

任何地方都是我的家！

世界上最好的胡椒

以喀拉拉邦的一座城市命名的代利杰里黑胡椒，被认为是世界上最好的胡椒。这些超大浆果留在藤蔓上的时间比大部分胡椒的要长，所以它们有着更加深沉而浓郁的味道。

葛拉姆马萨拉是一种用于印度烹饪的香料混合物，以胡椒粉和香料粉为特色。它的名字在印度语中的意思是辛辣调味料。

这种万能的调味料为鱼肉、鸡肉、羊肉、土豆、米饭和面包增加了温暖、甜蜜的味道。快速简便的制作方法是，在碗中混合一茶匙孜然粉、一茶匙半香菜粉、一茶匙半豆蔻果实粉、一茶匙半黑胡椒粉、一茶匙肉桂粉、半茶匙丁香粉和半茶匙肉豆蔻粉。把香料混合物放在一个密封容器中，存放在凉爽干燥的地方。

胡椒的香料之路

来自遥远欧洲的商人把黄金带到了印度，又从印度带走了胡椒。历史学家认为，是亚历山大大帝在公元前320年左右将胡椒从印度带到了希腊。公元100年至公元300年，胡椒成为古希腊和古罗马烹饪中的一种重要配料。从那里开始，胡椒火遍了全欧洲。

黑色黄金

胡椒粒因为它们的价值又被称为"黑色黄金"。在古希腊，人们把胡椒当作货币使用。在攻城的时候，古罗马人有时会要求把胡椒当作赎金。在中世纪，衡量一个男人的财富多少是看他有多少胡椒。

我就像是银行里的钱！

我知道那种感觉！

你知道吗？ 古希腊医生希波克拉底将胡椒作为一种药物来使用。

报告!

甜点里放胡椒？为什么不呢？很多国家都有自己的黑胡椒饼干配方。下面这个配方是在面糊中加入了巧克力，更好吃了。黑胡椒能激发巧克力的味道，饼干吃起来更有味道了。

黑胡椒巧克力饼干

分量：18~24块

配料

½茶匙香草	4汤匙软化的加盐黄油	¼杯无糖可可粉	4汤匙红糖
¾杯面粉	1茶匙发酵粉	1个鸡蛋	
6汤匙勺糖，再多加点糖用来压平面团时使用		½茶匙黑胡椒粉	120毫升半糖巧克力片

步骤

1. 把面粉、可可粉、发酵粉和胡椒粉过筛到一个碗里，放置一边备用。
2. 用搅拌器把糖和黄油打至奶油状，加入鸡蛋和香草继续搅打，直至完全混合。
3. 把过筛的干料加入搅拌器中，搅打到刚刚混合，不要过度混合。
4. 加入巧克力片并用手搅拌均匀。
5. 用保鲜膜把碗密封起来，放入冰箱冷藏至少1小时。
6. 在烤盘中铺上烘焙纸。把面糊用勺子滴在烘焙纸上，间隔2.5厘米左右。把玻璃杯的底部沾上糖，将面团轻轻压平。在预热到175℃的烤箱中，烤制10~12分钟，直至饼干定型。把饼干转移到金属架上晾凉。

罗马食谱

古罗马烹饪手册《阿比修斯》里，几乎每一道菜都用到了黑胡椒，书中甚至建议在甜点中也加入黑胡椒。

现磨胡椒最受欢迎的
意大利

胡椒在现在的意大利是一种深受人们喜爱的香料，与其他菜系相比，意大利美食在更多种类的菜肴中使用黑胡椒！

意大利餐是家人和朋友的聚会焦点。黑胡椒首次出现是在有开胃菜的意大利餐中，开胃菜一般在意大利面之前食用，它可能包括各种冷熟肉，比如意大利熏火腿（加香料的火腿）、意大利腊肠、意式肉肠、意式培根和意式烟熏风干火腿等，还有像橄榄和朝鲜蓟心等蔬菜，以及用黑胡椒点缀的生羊奶奶酪。

我们是聚会的灵魂所在！

TUTTO SALE E PEPE！！

在意大利语中，如果说你是Tutto sale e pepe（所有的盐和胡椒），意思就是你是大家的开心果！

白汁意大利通心粉是一道有名的胡椒味的意大利美食，是用鸡蛋、硬奶酪（如帕尔马干酪或者罗马乳酪）、意式培根加意大利面通心粉做成的。当然也少不了很多很多的胡椒！它为这道基础的意大利面食增加了火辣和烧烤风味。

最著名的使用胡椒的意大利菜肴之一是黑胡椒奶酪意大利面，仅用奶酪、意大利面和黑胡椒碎，这三种基本的食材，就可以做出一道美味营养、口感丰富，可以帮助你横扫饥饿的美食！

黑胡椒奶酪意大利面

分量：2~3人份

配料

犹太盐   1茶匙现磨黑胡椒   3汤匙无盐黄油，切块

220克意大利面   1杯磨碎的帕尔马干酪   ⅓杯磨碎的佩克立诺奶酪

步骤

1. 请成年人帮忙，在一个约5升大小的锅中加入约3升水，煮沸后加盐调味。加入意大利面，按照意大利面包装盒上的烹饪说明，不定时搅拌，将面条煮至弹牙。捞出意大利面，保留¾杯煮面条的水。

2. 同时，将2汤匙黄油放入煎锅中用中火融化。加入胡椒粉，然后旋转平底锅，将胡椒粉烤至焦黄，大约需1分钟。

3. 在煎锅中加入½杯煮面条的水，加热至将要沸腾。加入沥干的意大利面和剩余的黄油。转小火并加入帕尔马干酪，用钳子搅拌直到熔化。将锅从火上移开，加入佩克立诺奶酪。搅拌直到奶酪熔化，使意大利面上裹上酱汁。如果酱汁看起来很干，可以再加点煮意大利面的水，温热时食用。

我以温暖著称！

你知道吗？ 这道菜最初是由意大利的牧羊人烹制的，价格实惠且营养丰富。奶酪提供了蛋白质，意大利面中的碳水化合物提供了能量，胡椒会使人体温升高，让牧羊人在寒冷的冬天身上也暖乎乎的。

胡椒传入
中国

　　胡椒传入中国的时间比其他地区要稍微晚一些。公元200年左右，胡椒才首次在中国著作中被提及，但当时并不为人所知。到12世纪时，黑胡椒已成为中国权贵们的菜肴中的流行配料。

陌生来客

　　胡椒刚传入中国时，它在文献中被记为"胡椒"，意为蛮夷或者外国的辣椒。

　　马可波罗记载，13世纪他在中国旅行时，听说金赛市（现杭州市）每天进口4 500千克胡椒！

　　公元15世纪，中国航海家郑和与他的船队从南海和印度洋以外的海域带回了大量胡椒，一下子让胡椒在中国从珍贵的奢侈品变成了一种常见的香料。

四川花椒（非胡椒）

　　四川花椒是来自中国西南部的一种流行香料，　尽管它的名字中有椒，它却与黑胡椒或辣椒都没有密切关系。它有一种柠檬香和与众不同的辣味，会在我们的嘴里产生刺痛般的麻木感。

　　如今，胡椒已成为中国饮食中的一种重要调料，　中国人更喜欢用成熟的胡椒种子制成的白胡椒。　白胡椒果味更浓，带有泥土味或烟熏味，常用来为汤菜、炒菜和肉类腌料添加额外的风味。

大航海时代

　　胡椒在全球香料贸易中的地位非常重要。对胡椒和其他香料的需求，促使克里斯托弗·哥伦布寻求通往亚洲的海上航线。在这次航行中，他成为第一个访问新大陆的欧洲人。

　　葡萄牙探险家瓦斯科·达·伽马也在寻找胡椒，他着手为渴望香料的欧洲人寻找一条更快通往印度的路线。他的船绕过非洲的南端进入印度洋，1498年，达·伽马到达印度。他的航线为欧洲和亚洲之间的海洋贸易开辟了道路，使得葡萄牙很快成为香料贸易的主导力量。

到了16世纪，胡椒已经成为荷兰控制的印度尼西亚西部岛屿苏门答腊岛的重要出口作物。当时，葡萄牙控制了该地区的大部分香料贸易。17世纪，荷兰与英国、丹麦和法国一起成立了东印度公司，他们夺取了葡萄牙人的财产，并将葡萄牙商人赶出了印度。后来，随着大英帝国权力的增长，英国东印度公司控制了香料贸易。

最终，胡椒传入
新世界

17世纪，葡萄牙人将胡椒引入现南美洲的巴西，胡椒在炎热的气候中茁壮成长。1933年，来自新加坡的日本移民开始在巴西大规模种植胡椒。今天，巴西是最重要的胡椒生产国和出口国之一。

拉丁美洲其他种植胡椒的地方包括墨西哥、危地马拉、洪都拉斯、圣卢西亚、哥斯达黎加和波多黎各，所有这些地方的胡椒都是用巴西的胡椒藤种植出来的。

你知道吗？ 虽然巴西是胡椒的主要种植国，但大多数巴西人并不喜欢黑胡椒或辛辣食物！

当胡椒传入美洲时，当地的厨师开始将它与本地的香料和草药一起融入本地食物中，创造出了独特的香料混合物。在加勒比地区，当地人发明了一种被称为牙买加烤肉干的混合调味料，它包含了黑胡椒、辣椒、百里香、肉桂、大蒜和肉豆蔻，洒在蔬菜或肉类上食用。

卡津调味料是一种辛辣的混合物，以含有大量黑胡椒、辣椒粉、红辣椒粉、大蒜粉和牛至为其特点。卡津人是路易斯安那州南部和得克萨斯州东部的一个民族，他们的祖先是被称为阿卡迪亚人的法国移民。卡津调味料可以撒在鸡肉、海鲜、蔬菜、土豆、汤菜、炒菜及蘸酱等任何食物上。

健康又美味！

食物上的黑胡椒有助于人体更加容易地从食物中吸收更多珍贵的维生素和营养。

碎胡椒粒可以为烤肉添加一种微妙的独特风味。一个减少胡椒辣度的技巧是将胡椒粒放在平底锅中，用一些橄榄油炸几分钟，然后将它们放在纸巾上沥干。用少许盐、糖和小苏打腌制烤肉，烤肉的表面会像磁铁一样，牢牢吸住压在肉上的胡椒粒。

完美的一对！

到了17世纪，食物中通常都会加入胡椒粉。人们把盐装在一个叫作盐盅的精美银色容器中，放置在桌子上。盐通常用勺子来添加，以防止盐粒吸收水分后结块。到了18世纪，胡椒瓶开始与餐桌上的盐盅放在一起。

20世纪时，盐商发现了如何防止食盐结块的方法，这时盐瓶开始变得普遍。从那以后，盐瓶和胡椒瓶就成了一对啦！

你知道吗？起初，盐瓶通常只有一个孔，而胡椒瓶有两个或三个孔。

汽车产业发展后，盐瓶和胡椒瓶开始变成收藏品。这时人们可以在假期里自由出行了，这些小作料瓶价格便宜、色彩丰富且易于携带，就变成了很棒的纪念品和礼物。

博物馆藏品

一名盐瓶和胡椒瓶的爱好者已经收集了40 000多对藏品——足以填满两个博物馆！一半的藏品在田纳西州加特林堡的盐和胡椒瓶博物馆；另一半在西班牙的瓜达莱斯特。

我们永远是好朋友！

让我们摇摆起来吧！

趣味问答

刚刚跟随盐和胡椒完成环球旅行之后，你还记得多少知识内容呢？来回答下面这些有趣的问题吧，答案是前面出现过的国家或地区的名称。

1. 长长的骆驼商队在哪里运送大块的盐？

2. 粉红色的盐是从哪里来的？

3. 在哪里盐是如此珍贵，以至于被称为盐饼的盐块可以当作钱来使用？

4. 泡黄瓜在哪里常被人们制作搭配热狗食用？

5. 7世纪的欧洲僧侣们曾在哪里为孩子们制作碱水面包？

6. 哪里的产盐量最大？

7. 哪里的人们在冰激凌上撒盐？

8. 在哪里白胡椒比黑胡椒更受欢迎？

9. 在哪里黑胡椒是开胃菜里的一部分？

10. 胡椒最初生长在哪里？

答案：

1. 撒哈拉沙漠
2. 印度
3. 地中海地区

5. 欧洲
6. 中国
8. 中国
9. 意大利

4. 美国
7. 日本
10. 印度

词汇表

碘：一种化学元素。植物和动物需要微量的碘才能正常生长。

谷氨酸：谷氨酸的盐或化合物。

海盐：通过蒸发海水获得的盐（氯化钠）。

胡椒粒：一种可以研磨成胡椒的干浆果或浆果。

胡椒碱：从胡椒中提取的白色结晶物质。

碱液：一种能中和酸并与酸形成盐的强腐蚀性溶液。

烤肉串：经过烤制的肉串。

矿：岩石或地下的大量矿物。

钠：一种在地壳中发现的银白色软金属。

泡碱：一种粉状矿物，由碳酸钠和盐组成。

泡菜：在盐水中保存的蔬菜。

酸辣酱：一种由水果、香草、胡椒和其他调味料制成的辣酱或调味品。

味噌：一种日本流行的由发酵豆腐制成的蔬菜酱。

鲜味：味觉的基本要素之一，可以被视为肉味丰富。比如在蘑菇或帕尔马干酪中发现的那种味道。

腌制：保存肉、鱼或其他食物，尤指利用食盐将食物腌渍制成食品的方式。

岩盐：地球上以大晶体形式存在的普通盐。

蒸发：液体变成气体的过程。

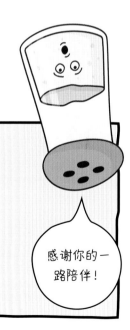

温馨提示

在厨房处理食物时，请牢记这些提示，以确保你的烹饪工作顺利、安全地进行。接下来，享用你制作的美味佳肴吧！

- 在开始准备食物之前、在接触过生鸡蛋或肉之后，都需要清洗双手。
- 彻底清洗水果和蔬菜。
- 处理火锅、平底锅或托盘时，请戴上烤箱手套。
- 使用刀具、燃气灶或烤箱时，请成年人来帮忙。

感谢你的一路陪伴！

Taste the World!Salt and Pepper © 2021 World Book, Inc.

All rights reserved.

This book may not be reproduced in whole or part in any form without prior written permission from the Publisher.

本书中文简体版专有出版权由WORLD BOOK, INC.授予电子工业出版社，未经许可，不得以任何方式复制或抄袭本书的任何部分。

版权贸易合同登记号　图字：01-2022-6725

图书在版编目（CIP）数据

一脚踏进美食世界. 盐和胡椒 / 美国世界图书出版公司著；柳玉译. -- 北京：电子工业出版社，2023.6
ISBN 978-7-121-45274-1

Ⅰ.①一… Ⅱ.①美… ②柳… Ⅲ.①食盐 - 少儿读物②胡椒 - 少儿读物 Ⅳ.①TS2-49

中国国家版本馆CIP数据核字(2023)第071432号

责任编辑：温　婷
印　　刷：天津图文方嘉印刷有限公司
装　　订：天津图文方嘉印刷有限公司
出版发行：电子工业出版社
　　　　　北京市海淀区万寿路 173 信箱　邮编：100036
开　　本：889×1194　1/16　印张：24　字数：202 千字
版　　次：2023 年 6 月第 1 版
印　　次：2023 年 6 月第 1 次印刷
定　　价：208.00 元（全 8 册）

凡所购买电子工业出版社图书有缺损问题，请向购买书店调换。若书店售缺，请与本社发行部联系，联系及邮购电话：(010) 88254888 或 88258888。

质量投诉请发邮件至 zlts@phei.com.cn，盗版侵权举报请发邮件至 dbqq@phei.com.cn。

本书咨询联系方式：(010) 88254161 转 1865，dongzy@phei.com.cn。